KB175053

# 도시공간
# 녹화디자인

# 도시공간 녹화디자인

송채은 지음

이담 Books

## |머리말|

21세기는 도심 속 공간 녹화의 활용이 인간의 행복(삶) 지수를 좌우하기 때문에 창조적인 공간 녹화 기술의 개발 및 이용이 중요한 화두로 되고 있다. 도시는 열섬현상, 소음, 분진, 오염 등으로 환경이 심각하게 열악해져 있는데 공간 녹화의 확대는 도심에 그늘을 제공하고 자연을 만끽하게 해 주어 쾌적성을 유도함으로써 삶의 질적 향상에 도움이 된다. 그리고 인간·자연·문화가 잘 어우러지고 현대적 편리성과 효율성을 추구하는 공간 녹화의 이용은 인간과 자연의 공존 필요성을 강조하고 있다.

미래도시의 바람직한 모델은 환경 친화적 녹색·생태·문화도시를 의미한다. 환경 친화적 녹색·생태·문화도시는 식물이 주는 중요한 혜택으로 강우의 조절, 태양복사열의 차단, 바람과 온도 조절, 재해 방지, 공간구획, 사생활 보호, 불량경관의 차폐, 토사침식 방지, 소음 진동의 완화, 차광, 공기정화, 경직된 도시공간의 완화, 아름다운 경관 제공, 심리적 불안과 긴장 해소 등 문화적·교육적 측면에 이르기까지 다양한 역할을 수행할 수 있는 곳을 말한다.

한마디로 도시는 자연과 아름답게 조화를 이룰 때 인간과 자연의 질서는 하나가 되며 진정한 도시민의 삶의 질은 향상되고 도시 내에서 살고자 하는 사람들에게 심리적 변화와 감동을 이끌어 낼 수 있다. 우리는 가정과 시멘트 건물의 실내외 공간녹화를 통해 다른 여가활동에서는 느낄 수 없는 다양한 행복감을 경험할 수 있으며 또한 도시민들이 추구하는 삶에 대한 가치 변화 즉, 인간의 미적 추구 본능을 자극받게 된다.

근래 여가시간의 증대와 생활환경의 변화로 소규모 정원과 옥외 여가공간이 더욱 필요한데, 공원은 쾌적한 생활환경과 신선한 공기를 제공할 뿐 아니라 레크리에이션 등을 위한 장소로 자연과 문화의 녹화공간으로서 변화를 추구하고 있는 실정이다.

도시 전체를 '녹색의 정원' 이란 테마로 자연성이 풍부하고 쾌적하게 조성한 싱가포르는 국가가 정책적으로 녹색의 숲과 공공녹지를 전체 도시로 조성하여 아주 매력적인 정원도시로 바뀌었다. 그리고 대표적인 정원의 나라 영국도 공장과 농장이 있는 전원지역을 철도와 도로로 연결하여 도시생활의 편리성과 전원생활을 함께 누릴 수 있는 전원도시를 이룬 것처럼 인간의 공간녹화 이용성에 대한 노력과 투자가 이루어져야 인간의 삶의 질을 향상시킬 수 있다.

인간은 누구나 도시의 거주지 주변에 숲과 넓은 보도, 무성한 가로수 그리고 주택의 넓은 잔디밭을 갈망하고 있고 풍성하고 아름다운 경관에서 얻어질 수 있는 지속가능한 녹화공간의 어메너티(쾌적성)를 요구하고 있으며 여기에 모든 사람이 편안하게 이용할 수 있는 유니버설 디자인의 필요성이 한층 강조되고 있다. 생물서식공간(biotop)의 확보와 생태공원, 인공지반녹화, 벽면녹화 등 인간과 자연이 공생하고 공존하는 공간의 창출은 인간의 자연성 회복에 중요한 역할을 하고 있다.

최근 도시의 이미지 변화에 인공지반을 이용한 벽면녹화가 큰 역할을 하고 있다. 딱딱한 벽면에 디자인을 도입하고 새로운 변화를 주어 상상력을 유도하고 녹지가 부족한 도시에서 녹지량을 확충하여 도시의 생태환경 개선, 에너지 절약, 열섬현상 완화, 지하수원 확보 등 현실적인 대책을 내놓고 있다. 또한 도시의 녹화공간을 생명체를 돌보는 활동으로 자연스럽게 규칙적인 운동으로 보람과 성취감을 얻고 몸과 마음의 건강(웰빙)까지 광범위한 역할을 수행하기도 한다. 다가오는 고령화 사회의 노인활동 공간으로도 활용이 될 뿐 아니라, 생명의 소중함을 일깨워주는 원예치료의 수단으로도 활용이 기대되고 있다. 또한 도시의 녹지부족, 환경오염, 사회적 소외 등의 문제해결을 위한 도시농업의 등장은 도시녹화 공간에 중요한 부분이 될 수 있다.

현재 인간의 행복(삶) 지수를 높이기 위한 사회복지시설 녹화사업, 옥상의 도심텃밭 조성사업, 푸른숲 학교지킴이 사업, 도시녹화 전문인력양성 사업, 나무은행 사업 등 다양한 도시공간녹화를 위한 프로젝트가 진행되고 있는데, 궁극적으로 도시공간녹화는 그린 빌딩, 그린홈 등 그린 라이프와 수직농장 등을 실현하는 최종적인 기술 개발을 목표로 하고 있다.

흔히들 도시는 회색이라고 한다. 콘크리트 건물로 가득 차 있기 때문이다. 한때는 이러한 건물이 우후죽순으로 생겨나면서 이것이 발전이고 행복인 줄 알았다. 그러나 많은 사람들이 도시로 몰려오고 이들을 수용하기 위하여 고층의 회색 건물들이 많이 생겨난 것이 우리들 삶의 질을 저하시키는 주요 원인이라는 것을 깨닫게 되었다.

사람은 건강하고 행복하게 오래도록 살고 싶어 한다. 현재 사람들은 도시에 녹색 공간이 많아질수록 우리의 생활이 풍요로워지고 건강해지는 것을 알게 되었다. 아니, 예전부터 이미 알고는 있었으나 사회적 부를 쌓는 일과 우선적인 경제적 논리에 밀려서 표현하지 못했던 생명과 건강과 행복 등에 대하여 이제는 과감하게 이야기 할 수 있게 되었다.

회색이 죽음이고 도시의 파괴라면 녹색은 생명이고 건강한 도시의 부활이다.

녹색이 늘어갈수록 생명체가 다양해지고 건강해진다. 도시의 녹색공간을 확보하고 늘려가는 것은 사람에게 있어서 필요조건이 아닌 필수조건이다. 사람은 누구나 건강하게 장수할 권리와 책임이 있기 때문이다.

영어의 회색을 뜻하는 gray(grey)는 형용사로 흐린, 창백한, 우중충한, 음울한, 외로운, 어두운 등의 부정적인 표현으로 많이 사용되고 있다. 반면에 녹색을 뜻하는 green은 미숙하다라는 의미도 있지만 신선한, 생생한, 순진한, 새로운, 싱싱한, 활기 있는, 젊은, 원기왕성한 등의 대체로 긍적적이며 활동적인 의미로 사용된다.

도시를 중심으로 많은 사람들이 살아가는 현대사회가 예전의 에덴(Eden)동산과 같은 낙원(Utopia)으로 돌아갈 수는 없다. 하지만 도시에 최대한의 녹색공간을 조성하여 생명과 활력을 불어넣어 식물낙원(Plantopia)을 통하여 사람들이 건강하고 행복하게 활동할 수 있도록 하는 것은 매우 중요한 미션이다.

이 책에서는 대도시를 중심으로 도시의 공간녹화에 대하여 논하고 여기에 해당하는 공간들의 특성을 사례를 통하여 나름대로 분석하고자 하였다. 뿐만 아니라 녹색공간도 자연상태의 그대로보다는 사람에 의하여 디자인되고 조성되어 관리될수록 우리에게 좀 더 친근감을 느끼고 오래도록 유지될 수 있다고 생각하며 이 책을 정리하였다.

앞으로 녹색도시를 꿈꾸는 많은 이들에게 도움이 되기를 기대한다.

창세기 1장 31절 '하나님이 지으신 모든 것을 보시니 보시기에 심히 좋았더라'라는 말씀이 생각납니다. 내 삶의 중심에 계신 하나님께 감사드립니다.

2011년 8월

송채은

# 목차

PART 01

# 도시공간 녹화의 정의와 효과

# 01 도시공간 녹화의 정의와 효과

## 1) 도시공간 녹화의 정의

도시는 인간을 중심으로 인위적으로 만들어진 공간으로서 여러 가지 목적으로 녹색공간이 형성되어 있다. 여기에 식물을 중심으로 한 환경요인으로서 물・햇빛・흙이라는 주체에 의해 공간녹화는 디자인 되어진다.

도시공간 녹화는 '도시 내의 다양한 공간을 자연적 또는 인공적으로 식물을 이용하여 조성하는 것' 이라고 할 수 있으며 자연조건 하에 유리한 공간녹화로는 공원과 노변을 들 수 있고, 인공지반을 이용한 것으로는 벽면녹화와 옥상정원을 예로 들 수 있으며 건축물을 중심으로 아파트, 학교, 사무실 등 실내외 공간녹화를 포함한다.

〈2011, 서울 청계천〉

또한 시설별로 공공시설과 민간시설로서 공공시설의 건축물은 관공서의 청사, 교육시설로서 교사가 있으며, 도서관, 미술관, 박물관 등의 문화시설, 병원, 진료소, 요양소 등의 후생 및 의료시설, 그리고 교통시설로서 지상역사, 주차장 건물 등과 토목 구조물에 의한 고가도로와 일반도로 등의 도로변과 요금정산소, 차음벽, 고가밑 그리고 교량의 노면, 교대 및 교각 등이 공간 녹화의 대상이 된다.

한편 민간시설의 건축물은 단독주택, 집합주택, 사무실 그리고 상업시설로서 대형 소매점포, 호텔 등의 숙박시설, 운동시설로서 체육관, 생산과 운반시설로서 공장, 창고 등, 교통시설로서 주차장 건물 등이 있으며, 이들의 실내외 옥상과 벽면은 주요한 공간 녹화의 대상이 된다.

〈2011. 화훼박람회장, 대만〉

현대의 오염된 회색도시를 건강한 생태적 녹색도시로 만드는 가장 좋은 방법은 도시 내에 공간 녹화를 최대한으로 늘리는 것이다.

식물은 도시를 녹색으로 건강하게 만들어 주고 건물 중심의 경직된 도시의 분위기를 부드럽게 해 주며 아름다운 경관을 제공해 주는 가장 효과적인 도구이다.

최근 도시는 환경공생형 도시를 실현하고자 하는 거대한 목적을 가지고 저부하형 도시, 순환형 도시, 공생형 도시를 추구하고 있다.

이에 도시공간 녹화는 대기의 정화, 열섬현상 감소 등 기상의 개선, 에너지 절감을 통한 자원 절약, 도시의 환경 향상, 경관조성, 환경의 쾌적성을 통한 윤택함과 평온을 비롯하여 레크리에이션을 통한 공간창출 등 사회적 측면에도 커다란 기여를 할 수 있다.

〈2011. 프랑크푸르트 공원, 독일〉

도시공간 녹화디자인의 구성요소는 조성할 공간, 식재할 식물 그리고 이를 꾸밀 수 있는 기술이다.

### (1) 공간

① 생활공간

- 주거공간(내부) : 현관, 베란다, 발코니, 거실, 방, 부엌, 화장실 등
- 주거공간(외부) : 가정 옥상, 정원(주택, 아파트), 가정 텃밭 등
- 업무공간 : 건물로비, 사무실, 복도, 발코니, 창가, 휴게실, 빌딩옥상 등

② 활동공간

- 도심공원, 시민농원, 주말농장, 자연학습장, 생태공원
- 도로벽, 입면, 건물벽면, 도시근교 휴경지, 근린 하천
- 꽃축제 행사장

〈2011. 영광 꽃누리축제. 한국〉

### (2) 식물

① 화훼 : 가정, 업무빌딩, 도로변, 공원, 정원 등 주거 및 생활공간 모든 곳

② 채소 : 베란다, 옥상, 텃밭, 체험농장 등

### (3) 기술

① 환경개선 : 공기정화(VOCs 제거), $CO_2$ 경감, 음이온 발생, 온습도조절, 향기, 새집증후군 등

② 실내외 정원 : 실내 베란다정원, 허브정원, 야생화정원, 옥상정원 등

③ 원예치료

- 계층별(초등학생, 어르신, 원예지도자 등), 다문화 가족 적용 프로그램
- 식물원, 공원, 시민단체 등 공동체 활용프로그램

〈2011. 아침고요수목원, 한국〉

## 2) 도시공간 녹화디자인의 효과

인간과 자연의 조화로운 삶과 공존의 추구를 궁극적 목적으로 하여 다음과 같은 효과를 가지고 있다.

(1) 실내 환경의 조절효과 : 실내 공기질 개선, 공기정화, 온도 및 습도 조절

(2) 심미적 효과 : 경관적인 요소로 적용된 실내장식

(3) 심리적 효과 : 건물 내의 휴식장소로 제공되어 심리적 안정감 부여, 녹색 생명존중, 공동체 의식, 창의력 증진, 능동적인 삶

(4) 환경적 효과 : 생태계의 보존, 기상 정화, 미기상 완화, 소음 저감효과, 도심녹지 확보, 생태계 유지, 경관 제공, 쾌적성 향상

(5) 교육적 효과 : 자연과 환경, 식물에 대한 이해 증진 및 학습 효과를 증진

(6) 치료적 효과 : 녹지환경을 통한 심리적 긴장감 완화 및 안정감 도모, 적절한 실내 활동, 웰빙, LOHAS

(7) 경제적 효과 : 건축물 보호, 에너지 절감, 광고 및 고객유치, 공간의 효율적 이용, 하 · 동계 냉난방비 절감, 기상재해 예방, 어메니티 활용, 근교농업 발달, 부식생산

〈2011, 오산 물향기수목원, 한국〉

### 3) 도시공간 녹화디자인의 방향

(1) 유니버셜 디자인(Universal design)을 활용한 공간 녹화디자인

(2) 힐링가든(Healing garden), 치유정원 디자인

(3) 공간별 식재용 소재 선발 및 용기 디자인

(4) 식물의 기능성에 따른 현대적 생활에 적합한 공간 녹화디자인

(5) 공간별 활용식물 DB화 및 디지털 공간 녹화 시스템

(6) 실용적인 인공지반(옥상, 벽면녹화 등) 공간 녹화디자인

(7) 공간 녹화디자인의 원예활동 프로그램 개발

〈2011, 남이섬, 한국〉

## 4) 도시공간 녹화에 적합한 식물

### 1) 창가 및 밝은 아트리움 (조도 1,000~3,000 lux 이상)

(1) 소교목

① 상록성: 나한백, 가시나무, 구실잣밤나무, 히말라야시다, 굴거리나무

② 낙엽성: 단풍나무, 때죽나무

(2) 관목

① 상록성: 마취목, 협죽도, 치자나무, 선인장류, 돈나무, 히비스커스, 벤자민고무나무, 팔손이나무

② 낙엽성: 철쭉

(3) 지피식물

임파첸스, 카랑코에, 코리우스, 제라늄, 고사리류,  난류, 베고니아

선인장
*Eriosyce kunzei*

벤자민고무나무
*Ficus benjaminus*

카랑코에
*Kalanchoe* spp.

철쭉
*Rhododendron schlippenbachii*

### 2) 실내 및 사무실 (조도 300~1,000 lux 정도)

(1) 소교목: 인도 고무나무, 야자나무, 파키라

(2) 관목: 식나무, 황칠나무, 켄차야자, 서양남천, 팔손이, 백량금, 드라세나류

(3) 지피식물: 만년청, 빈카, 털머위, 엽란, 페페로미아, 맥문동, 왜란, 아이비, 수호초, 싱고늄, 스파티필럼, 필로덴드론, 몬스테라 등

인도고무나무
*Ficus elastica*

팔손이
*Fatsia japonica*

싱고늄
*Syngonium podophyllum*

아이비
*Hedera* spp.

### 3) 옥상녹화

(1) 소교목

① 상록성: 올리브나무, 편백나무, 측백나무, 금목서, 산다화, 소철, 뿔목서, 사철나무, 광나무, 협죽도

② 낙엽성: 매화나무, 때죽나무, 목련, 작살나무, 무궁화, 산딸나무, 수수꽃다리

(2) 관목

① 상록성: 마취목, 꽃댕강나무, 회양목, 에리카(철쭉류), 돈나무, 눈향나무, 뿔남천, 우묵사스레피

② 낙엽성: 수국, 산수국, 황매화, 명자나무, 조팝나무, 개나리

(3) 지피식물: 옥잠화, 잔디, 조릿대, 세덤류, 수호초, 송악류, 빈카, 왜란, 허브식물류

소철
*Cycas revoluta*

조팝나무
*Spiraea prunifolia*

산다화
*Camellia sasanqua*

우묵사스레피
*Eurya emarginata*

### 4) 벽면녹화

#### (1) 벽면을 타고 올라가는 식물

① 상록성: 모람, 송악, 서양송악, 빈카, 마삭줄, 멀꿀

② 낙엽성: 담쟁이덩굴, 서양담쟁이덩굴, 능소화, 클레마티스, 인동덩굴, 붉은인동, 덩굴장미, 등나무, 으름덩굴, 다래덩굴, 노박덩굴

#### (2) 벽면 아래로 늘어지는데 적합한 식물

① 상록성: 서양송악, 빈카류, 마삭줄

② 낙엽성: 능소화, 덩굴장미, 서양담쟁이덩굴

#### (3) 에스팔리에(Espalier) 유형에 적합한 식물

① 상록성: 꽝꽝나무, 동백나무, 주목, 피라칸사

② 낙엽성: 무화과나무, 탱자나무, 화살나무, 산딸나무, 영춘화, 분꽃나무, 모과나무, 박태기나무, 명자나무, 개나리

모람
*Ficus nipponica*

마삭줄
*Trachelospermum asiaticum*

담쟁이덩굴
*Parthenocissus tricuspidata*

화살나무
*Euonymus alatus*

PART 02

# 도시공간 녹화의 종류와 특성

# 도시공간 녹화의 종류와 특성

## 1) 사무실

사무실은 사람이 집과 함께 하루 중에서 가장 많은 시간을 보내는 곳이다.

사무실은 건조하고 먼지가 많으며 새로 지은 건물에서는 환경호르몬이 나오는 새집증후군까지 보인다.

사람에게 유해한 이러한 여러 가지 물질을 제거하여 환경을 개선시켜 줄 수 있는 것이 식물이다.

최근에는 건물의 입구 등에 실내정원을 조성하여 건물 내의 공기의 질을 좋게 하는 등 적극적인 방법을 사용하는 추세이다.

정원이 조성되어 있지 않은 건물이라도 화분 몇 개는 배치되어 있다.

〈2011. 건물 입구에 배치된 화분. 한국〉

〈2011, 건물 입구에 배치된 화분, 한국〉

실내에 식물을 배치했을 때의 유익한 점은 다음과 같다.

1. 실내공기 정화
2. 여름철에는 에어컨, 겨울철에는 가습기 역할
3. 가격대비 효과가 월등함
4. 기기의 부작용이 없음
5. 유해 전자파 차단
6. 음이온 발생
7. 향기 방출
8. 이동 및 배치 용이
9. 환경변화에 잘 대처
10. 높은 심미적, 시각적 선호도
11. 심리적 평안과 회복
12. 이국적인 분위기 연출

13. 은폐 · 차폐 · 동선 유도
14. 실내 공기흐름 원할
15. 저렴한 관리비
16. 스트레스 경감
17. 녹색 건축재료
18. 레저활동(녹색 애완생물)
19. 소음 경감
20. 차광 효과

〈2011, 다양한 식물로 실내정원을 꾸며 놓은 사무실, 한국〉

〈2011. 모퉁이 실내화단. 한국〉

〈2011. 실내정원을 꾸며 놓은 사무실, 한국〉

〈2011. 실내정원을 꾸며 놓은 사무실, 한국〉

〈2011, 덩굴식물 시서스를 식재하여 놓은 실내정원, 한국〉

실내식물은 열대우림의 다습하고 약광의 조건에서 자란 것들이 많으므로 우리나라의 건물 실내에 대체로 적응을 잘 하나 겨울철의 건조가 가장 문제가 된다.

부지런히 물을 주고 습도를 높여 주는 것이 실내식물을 잘 키우는 방법 중의 하나이다.

시서스(*Cissus antarticca*)는 포도나무과에 속하여 '포도아이비'라고도 불리는 덩굴성 식물로서 아름다운 녹색 잎을 가지고 있으며 잎이 약간 두텁고 윤기가 있으며 가장자리에 결각이 있어 야성적인 느낌이 든다.

대부분의 실내식물이 오존에 매우 강한 반면 시서스는 오존에 매우 민감하여 실내의 오존지표 식물로 사용할 수 있다.

또한 휘발성 화학물질을 제거하고 증산률이 높아 가습효과가 뛰어난 식물이다.

## 2) 벽면

식물을 심을 공간이 부족한 대도시에서는 건물의 벽면을 활용하는 것은 매우 중요하고 효율적인 방법의 하나이다.

벽면이 식물로 가득할 때 여름에는 건물 내의 온도를 낮추어 주고 겨울에는 보온의 효과가 있다.

곤충의 집에 되어 주기도 하고 도심 내에서 새들의 먹이를 제공해 주기도 한다.

우리나라의 중부지방에서 가장 많이 벽면에 이용하는 식물은 포도나무과(葡萄科, Vitaceae)에 속하는 담쟁이덩굴이다.

학명은 *Parthenocissus tricuspidata* 으로 낙엽성 활엽 덩굴식물이고 월동 등에 문제가 없으며 생장이 좋아 벽면이용에 적합한 식물이다.

〈2011, 담쟁이덩굴, 한국〉

〈2011, 담쟁이덩굴, 한국〉

〈2010, 담쟁이덩굴, 한국〉

〈2010. 담쟁이덩굴. 한국〉

〈2011. 담쟁이덩굴, 한국〉

〈2005. 북해도 담쟁이덩굴, 일본〉

〈2005. 후쿠오카 담쟁이덩굴. 일본〉

〈2005. 후쿠오카 담쟁이덩굴. 일본〉

〈2011, 프랑크프루트 담쟁이덩굴, 독일〉

〈2011, 밴쿠버 담쟁이덩굴, 캐나다〉

〈2011, 밴쿠버 담쟁이덩굴, 캐나다〉

벽면녹화에 많이 사용되고 있는 식물로는 크게 밑에서부터 벽을 타고 올라가는 식물(상록성으로는 모람, 송악, 서양송악, 빈카, 마삭줄, 멀꿀 등, 낙엽성으로는 담쟁이덩굴, 서양담쟁이덩굴, 능소화, 클레마티스, 인동덩굴, 붉은인동, 덩굴장미, 등나무, 으름덩굴, 다래덩굴, 노박덩굴)과 벽 아래로 늘어지는데 적합한 식물(상록성으로는 서양송악, 빈카류, 마삭줄, 낙엽성으로는 능소화, 덩굴장미, 서양담쟁이덩굴 등)이 있다.

최근에 서울의 플라자호텔의 벽면녹화에 선보인 기법은 덩굴식물을 이용하여 밑에서나 혹은 위에서 심은 것이 아니고 작은 포트에 상록식물인 회양목나무과(Buxaceae)의 수호초(秀好草, *Pachysandra terminals*)를 심어서 포트를 벽에 고정시키는 방법을 사용하여 깔끔한 이미지를 연출하고 있다.

〈2011. 서울 플라자호텔, 한국〉

〈2011. 서울 플라자호텔, 한국〉

〈2011. 서울 플라자호텔, 한국〉

〈2011. 서울 플라자호텔, 한국〉

수호초는 원산지는 일본으로 한국, 일본, 중국 등에 주로 분포하며 내한성이 강하여 사할린섬까지도 자생한다.

자생지는 나무 그늘이며 원줄기가 옆으로 뻗으면서 끝이 곧추 서고 녹색이며 높이 30cm 내외로 자란다.

잎은 어긋나지만 윗부분에 모여 달리고 달걀을 거꾸로 세운 듯한 모양이며 윗부분에 톱니가 있으며 잎 표면 맥 위에 잔털이 있고 밑부분이 좁아져 잎자루가 된다.

꽃은 4~5월에 피고 흰색이며 수상꽃차례에 달린다.

암꽃은 꽃이삭 밑부분에 약간 달리고 수꽃은 윗부분에 많이 달린다.

꽃받침은 4개로 갈라지고 꽃잎은 없다.

수술은 3~5개이고 암술대는 2개로 갈라져서 젖혀진다.

〈2011, 청담대교 능소화 방음벽, 한국〉

최근 서울시에서 도로변에 방음벽을 설치하면서 많이 식재하는 수종이 중국 원산의 능소화과에 속하는 낙엽성 활엽 덩굴 목본식물인 능소화(凌霄花, *Campsis grandiflora*)이다.

영명은 Chinese trumpet vine으로 중국 트럼펫덩굴이라는 뜻이다.

꽃이 귀한 여름철에 시원함과 아름다움을 동시에 제공해 주는 좋은 식물이다.

그러나 너무나 많은 양을 식재하면 꽃이 만개시에 꽃가루가 문제가 될 수 있는 식물이기도 하다.

〈2011. 능소화. 한국〉

〈2011. 능소화. 영국〉

최근 실내 조경의 한 트랜드는 벽면을 이용하는 것이다.

좁은 공간으로도 설치시공이 가능하고 가습 및 공기정화 효과도 뛰어나고 경관으로서의 가치도 훌륭하다.

사람들은 신기해 하며 뒤를 배경으로 사진도 찍는 포토존 역할까지 훌륭하게 한다.

식재에 사용되고 있는 식물들은 다양하며 난초과의 서양란인 미니호접란을 이용하여 화사함을 나타내고 이끼류, 고사리류, 아이비 등 여러식물이 사용되고 있다.

아래의 사진은 강남의 한 결혼식장 입구의 모습이며 하객들은 대체로 만족해 하는 표정이다.

〈2011. 결혼식장. 한국〉

〈2011. 결혼식장, 한국〉

강남구 삼성동의 한 고급 레스토랑에서는 최근의 리모델링으로 출입구 주변을 식물을 이용하여 벽면녹화 하였으며 고사리과의 네프로네피스(*Nephrolepis exalata*)와 포도나무과의 덩굴식물인 시서스(*Cissus antarticca*)를 이용하였다.

네프로네피스는 고사리과에 속하는 식물로 보통 보스톤고사리(Boston Fern)라고도 불리우며 열대, 아열대가 원산지이며 약 40종이 있고 포름알데히드 제거에도 탁월하며 습도 유지와 공기정화에 매우 좋은 식물로 특히 담배연기를 잘 흡수하는 것으로 유명하다.

〈2011, 레스토랑, 한국〉

〈2011, 레스토랑, 한국〉

〈2011, 레스토랑, 한국〉

〈2011. 원주시. 한국〉

벽면에 담쟁이덩굴 뿐 만 아니라 화분 등을 놓을 수 있는 난간 등을 만들어서 꽃을 놓는 것도 좋은 방법이다.

계속해서 화분을 바꾸어 주면 변화를 주어 한 가지 식물로만 되어 있는 것에 비하여 다양한 아름다움을 연출할 수가 있다.

최근의 디지털 카메라 또는 휴대폰 카메라를 이용한 사진 촬영 및 인터넷 카페 등에 올리는 열풍을 고려할 때에 식물원이나 정원에는 특히 이러한 포토존(Photo Zone)을 반드시 만들어 놓는 것이 필요하다.

두릅나무과(Araliaceae)에 속하는 송악(*Hedera rhombea*)은 상록 활엽 덩굴나무로 연중 푸른 상태로 있으나 남부수종으로 내한성의 문제로 경기도에서 활발하게 식재하지는 않는다.

일본의 경우 북해도를 제외한 나머지 대부분의 지역에서 잘 자란다.

〈2010. 오사카 송악. 일본〉

〈2011. 오사카 송악. 일본〉

오사카 시내의 시티플라자호텔 입구의 벽에서 붙어 자라고 있는 늦가을과 여름의 송악 모습이다.

2005년 일본에서 열린 세계 박람회는 3월 25일부터 9월 25일(6개월, 185일)까지 일본 아이치 현(현청 소재지인 나고야 시를 포함)에서 개최된 세계 박람회이다. 행사 당시 공식 명칭은 2005년 일본국제박람회 (2005年 日本國際博覽會, The 2005 World Exposition, Aichi, Japan)였으며, 줄여서 '아이치 만박(愛知万博, 아이치엑스포)'이라고 했다. 애칭은 '사랑 · 지구박(愛 · 地球博)'이다.

주최는 재단법인 2005년 일본 국제 박람회 협회이고 면적은 약 173ha, 총사업비는 약 1900억 엔(건설비 1350억 엔, 운영비 550억 엔), 입장객 수는 목표 1,500만 명을 훨씬 넘는 2,204만 9,544명이었다.

〈2005. 아이치 박람회. 일본〉

엑스포의 주제는 자연의 예지(Nature's Wisdom)로서 '사람과 자연이 어떻게 공존해 나가는가' 라는 내용으로 환경 엑스포를 목표로 했다.

부주제로는 다음 세 가지를 내걸어 종합 박람회를 지향했다.

1. 우주, 생명과 정보 (Nature's Matrix)
2. 인생의 예술과 지혜 (Art of Life)
3. 순환형 사회 (Development for Eco-Communities)

벽면녹화에 있어서 다육성 초본식물(돌나물, 송엽국 등), 상록관목(사철나무 등), 초본화훼류(제라늄 등), 벼과식물 등을 이용한 다양한 식물로의 시도가 많았다.

〈2005. 아이치 박람회 돌나물벽면, 일본〉

〈2005, 아이치 박람회 송엽국벽면, 일본〉

〈2005, 아이치 박람회 초화류벽면, 일본〉

〈2005, 아이치 박람회, 일본〉

〈2005, 아이치 박람회 벼과식물벽면, 일본〉

캐널시티 하카타는 1996년 4월 20일에 오픈한 재개발 프로젝트로, 약 3만 5000평방의 부지에 쇼핑몰, 영화관, 공연극장, 어뮤즈먼트 시설과 호텔 2곳, 쇼룸, 오피스 등 다양한 형태의 업종이 한 곳에 모인 복합시설이다.

곡선적이며 색채가 풍부한 건물들이 줄을 이은 거리의 중앙에는 약 180m의 운하(캐널)가 흐르며 그 곳에서의 다이나믹한 분수쇼가 시간의 흐름을 알려 준다.

물가의 스테이지에서는 출연자들이 선보이는 다양한 이벤트와 음악 라이브가 매일 개최되며, 활력 넘치는 거리의 분위기로 누구든지 즐기고 모이며 쉴 수 있는 엔터테인먼트 도시이다.

〈2007. 후쿠오카시 캐널시티. 일본〉

〈2007, 후쿠오카시 캐널시티, 일본〉

〈2007, 후쿠오카시 캐널시티, 일본〉

### 3) 옥상

도시의 절대녹지 감소로 옥상 등의 인공지반 녹화는 의무화 추세이다.

서울시의 10만 지붕 만들기 사업 등 지자체에서 강력히 옥상녹화를 추진 중이며 일본은 옥상이 2000년에 135,000m²에서 2007년에는 1,939,000m²로 14배가 증가하였다.

독일은 평면지붕의 14%, 스위스는 도시 건물의 70%가 옥상정원일 정도로 도시의 녹색공간이 상당하다.

옥상 등의 인공지반 녹화시 사회적으로 다양한 녹색공간 제공으로 도시민 정서함양 및 공동체 활동이 가능하고, 경제적으로 하·동계의 냉난방비의 10%를 절감할 수가 있고, 환경적으로 대도시 녹지를 연결하는 생태축으로 작용하는 등 효과가 크다.

〈2011. 강동구 옥상. 한국〉

〈2011. 강동구 옥상. 한국〉

서울시 푸른 도시국에서는 민간건물 옥상공원 조성 희망지를 건물이 소재하는 구청 공원녹지과에서 신청받아 지원하며 신청 대상은 준공 완료된 건물로 녹화 가능면적이 99㎡ 이상이며 구조적으로 안전한 건물이면 어느 곳이나 신청 가능하다.

신청건물에 대해서는 구조안전진단, 방수, 식생 등 관련 분야 전문가, 시민단체 등으로 구성된 '10만 녹색지붕추진위원회'의 위원들이 심사·선정하고, 서울시 푸른서울가꾸기 홈페이지(http://green.seoul.go.kr)를 통하여 5월 중에 그 결과를 발표하고 지원대상지로 선정된 곳은 구조안전진단을 거쳐 설계를 하고 11월말까지 공사를 완료하여야 한다.

〈2011. 강동구 옥상. 한국〉

옥상공원화 사업 지원 우선순위는 자비로 옥상공원화를 위한 구조안전 진단을 기 실시한 건물, 옥상공원을 조성할 경우 파급효과가 큰 건물, 환경학습장으로 활용도가 높은 건물(학교, 어린이집, 문화센터 등), 공공성이 높은 다중 이용 건물(병원, 복지시설 등), 도심 등 주변 공원녹지가 부족한 지역의 건물, 구조안전성을 확보한 건물 등이다.

지원 대상지로 선정되면 서울시에서 전액 비용을 들여 구조안전진단을 실시하고 설계 및 공사비의 50%까지 지원하는데 초화류 위주로 식재하는 경량형의 경우 7만 5천원/㎡, 수목 식재와 휴게공간을 조성하는 혼합형 및 중량형의 경우 9만원/㎡까지 지원한다. 단, 옥상공원화 특화구역인 남산가시권역 내 건축물(중구, 용산구 일부 해당)은 공사비의 70%(최대 13만원/㎡)까지 지원한다.

〈2011. 강동구 옥상. 한국〉

옥상은 텃밭, 생태학습장 등 농업적으로 다양하게 활용이 가능하여 도시민 농사체험, 어린이 자연학습 등으로 사용된다.

〈2011. 강동구 옥상. 한국〉

옥상녹화는 주변의 다른 사람들에게도 호감을 준다.

앞으로 지하철의 지상 구간 주변의 건물은 특히 조성이 필요하다.

〈2011, 강남구 옥상, 한국〉

〈2011, 강남구 옥상, 한국〉

서울시 송파구의 가든파이브(garden 5)는 고객의 오감을 만족시키는 복합생활공간이라는 뜻이며 국내 최대 규모의 옥상정원을 조성하였는데 축구장 3개의 면적이라고 한다.

야생화를 이용한 정원 뿐 만 아니라 잔디밭으로만 되어 있는 넓은 정원도 조성되어 있다.

〈2011. 가든파이브 옥상정원, 한국〉

〈2011, 가든파이브 옥상정원, 한국〉

〈2011, 가든파이브 옥상정원, 한국〉

〈2011. 가든파이브 옥상정원, 한국〉

어린이집 옥상을 이용한 정원조성 및 가꾸기는 멀리 야외로 가지 않아도 바로 어린이집에서 자연을 느끼게 할 수 있는 중요한 방법이다.

옥상정원 조성은 도시생태계 복원, 냉난방비 등 에너지 절약, 휴식 공간으로의 활용, 어린이 자연학습장 제공 등과 같은 효과를 거두고 있다.

서울시에서도 적극 권장하고 있는 사항이나 조성 후의 관리비 지원 등이 없어서 어린이집 관계자의 확고한 의지가 없는 한 계속적인 유지관리에 어려움이 있다.

〈2011, 어린이집, 한국〉

〈2011, 어린이집, 한국〉

서울시의 어린이집 옥상정원 조성에 있어서 우수 사례이다.

〈2011. 어린이집. 한국〉

〈2011. 어린이집. 한국〉

최근에는 옥상을 이용하여 상자텃밭 등을 활용하여 채소를 재배하는 곳이 많아졌다.

특히 엽채류의 경우에는 작은 상자만으로도 재배가 충분하기에 옥상 텃밭의 대부분을 차지한다.

배수도 좋고 일조에도 유리하므로 관수시스템만 갖추면 훌륭한 텃밭이 된다.

〈2011, 수원시, 한국〉

일본의 경우 대도시의 땅값이 비싸고 농작물을 키우는 것에 대한 열망이 크기 때문에 옥상을 많이 이용한다.

농과대학에서는 대부분 옥상을 이용하여 농작물 재배 등에 대한 연구를 한다.

우리나라와 달리 선진국인 일본은 식용인 채소류보다 관상용인 화훼류를 많이 심는다.

따라서 화훼류의 적응시험 등에 대한 연구를 많이 한다.

〈2004. 동경농업대학 옥상, 일본〉

〈2004. 동경농업대학 옥상. 일본〉

〈2004. 동경농업대학 옥상. 일본〉

아크로스 후쿠오카의 얼굴이라고도 할 수 있는 옥상녹화 공간 '스텝가든'은 인접한 텐진 주오공원과의 일체화를 위해 도시 속의 풍요로운 환경조성을 지향하고 있다.

녹화면적은 5,400㎡로 일본 옥상녹화 시설 가운데에서도 최대급 규모를 자랑하며, 열섬현상의 완화, 그리고 흙과 녹음의 단열효과를 통한 건물내부의 냉방부담 경감($CO_2$ 배출삭감) 등, 현재 전 세계적으로 중요시되고 있는 지구온난화 방지에도 효과가 있다.

건설 당시의 구성 수종은 전체적으로 76종, 37,000그루 였으며, 그 후 추가로 식재를 하거나 조류 등에 의해 운반되어 온 나무씨앗으로 수종이 늘기도 하여 현재는 120종, 50,000그루 정도이다.

공개시간은 3월과 4월은 오전 9시 부터 오후 6시 까지, 5월에서 8월은 오전 9시 부터 오후  6시 30분 까지, 9월과 10월은 오전 9시부터 오후 6시 까지, 그리고 11월에서 2월은 오전 9시 부터 오후 5시 까지 이다.

〈2007. 후쿠오카시 스텝가든. 일본〉

〈2007. 후쿠오카시 스텝가든. 일본〉

일본 오사카시는 빌딩 곳곳에 옥상정원이 잘 되어 있다.

하루 종일 건물 내에서 근무하는 사람들에게 자연을 느낄 수 있도록 옥상마다 정원을 꾸미고 나무와 꽃을 아름답게 가꾸어 놓는다.

옥상 숲에 있으면 도시 한복판에 있다는 느낌이 거의 없다.

옥상정원이라는 표현도 있지만 공중정원이라는 표현도 사용한다.

〈2011. 오사카시 옥상정원, 일본〉

〈2011. 오사카시 옥상정원, 일본〉

〈2008, 오사카시 옥상정원, 일본〉

〈2008, 오사카시 옥상정원, 일본〉

난바(難波)는 일본 오사카시의 지구로 오사카의 가장 유명한 이미지 중 하나인 글리코 만(Glico Man)과 자이언트 크랩(Giant Crab)이 난바의 도톤보리 수로 주변에 위치한다.

난바는 유흥가로 알려져 있으며 오사카의 가장 유명한 술집, 식당, 나이트클럽, 오락실, 파친코 가게가 많이 있다. 이 지역은 또한 쇼핑가로 알려져 있으며 다카시마야 백화점과 난바 시티 쇼핑몰이 있다.

난바 파크는 '파크 타워'라 불리는 새롭게 개발된 고층 건물로 이루어져 있고 120개의 상점과 옥상정원이 있다.

파크 가든에는 온실이 있어 방문객들이 도시 중심에 있다는 것을 잊게 해 주며 라이브 쇼를 위한 원형 극장과 작은 개인적인 채소밭을 가꿀 수 있는 공간 및 짐마차 가게가 있다.

〈2010. 오사카시 난바파크, 일본〉

〈2010. 오사카시 난바파크, 일본〉

〈2010. 오사카시 난바파크, 일본〉

〈2010. 오카시 난바파크, 일본〉

〈2010. 오카시 난바파크, 일본〉

〈2008. 아와지시마 유메부타이 백단원. 일본〉

아와지 유메부타이(淡路夢舞台, Awagi Yumebutai)는 효고현의 아와지섬(淡路島) 동쪽 해안의 바다를 바라볼 수 있는 높은 곳에 있으며 약 28ha의 부지 내에 온실식물원, 야외극장, 레스토랑, 국제 회의장, 호텔 등의 시설이 점재해 있다. 이외에도 백단원(百段苑)을 비롯하여 여러 개의 개성적인 정원이 존재하며 이들은 산책로 등으로 연결되어 있어 전체가 회유식 정원처럼 되어 있으며 설계는 건축가 안도타다오가 했다.

〈2008. 아와지시마 유메부타이 백단원. 일본〉

백단원의 가장 높은 곳에서는 유메부타이와 오사카만(大阪湾)을 한눈에 바라볼 수 있다. 부지 내에 있는 기적의 별 식물관(奇跡の星の植物館)은 새로운 생활방식과 도시공간을 창조하는 21세기의 실험형 식물원으로 기존의 온실과는 다른 다채로운 공간을 만들고 있다. 2000년 개최되었던 국제원예 조원(造園)박람회인 제팬플로라 2000 (Japan Flora 2000)의 회장이 되었다.

인접한 국영아카시해협공원(国営明石海峡公園), 효고현립아와지시마공원(兵庫県立淡路島公園) 등과 함께 아와지시마 국제공원도시(淡路島国際公園都市)를 구성한다.

## 4) 노변

노변(路邊, Roadside)은 다른 말로 '길가' 라고 한다.

우리가 다니는 길의 가장자리를 말한다.

사람이 통행하는데 제한을 주지 않는 최대한의 범위에서 꽃과 나무를 식재하여 즐겁고 쾌적한 분위기를 조성하는 것이 중요하다.

사람들이 매일 집과 사무실을 오간다면 그 사이에 노변이 있기에 사람들의 생활에 있어서 매우 중요한 공간이다.

나무가 그늘을 만들어 주지 않는다면 아스팔트나 콘크리트 길의 열기를 사람은 버티지 못할 것이다.

이들은 도시의 환경 정화 기능, 시민의 휴식처 기능, 안전과 경계의 관리적 기능, 미적 경관 기능 등을 가진다.

〈2010, 종로구 가로수, 한국〉

도시의 길가에 가로수로 가장 많이 심는 나무 중의 하나가 느티나무(*Zelkova serrata*)이다.

느티나무는 느릅나무과(Ulmaceae)에 속하는 낙엽 활엽 교목으로 생장속도가 빠르고 우리나라 거의 모든 지역에서 자라며 시원한 그늘을 만들어 주는 정자나무이다.

5월에 꽃을 피우나 작고 잎 사이에 있어 개화를 알아보기가 어렵다.

가을의 단풍도 잎이 노란 색부터 붉은 색까지 다양하게 드나 주의 깊게 관찰하지 않으면 역시 알지 못한다.

노변의 가로수도 이처럼 자세하게 관찰하면 좋은 자연교육의 소재로 가능하며 우리가 아직도 잘 활용하지 못하고 있을 뿐이다.

〈2010, 광진구 가로수, 한국〉

〈2011, 종로구 가로수, 한국〉

도심의 가로수는 다양한 수종으로 식재가 되지 못하고 몇몇 수종으로 대부분이 식재되어 있는 것이 문제이다.

주요 수종은 느티나무, 은행나무, 플라타너스, 벚나무 등이며 최근에 소나무를 심는 것이 유행처럼 되고 있다.

하층부에는 철쭉과 회양목이 위주가 된다.

그러나 겨울이 있고 눈이 내려서 쌓이는 우리나라에서는 침엽수는 가로수로 적합하지 않는데 눈이 녹는 것을 방해하여 사고를 일으킬 수도 있기 때문이다.

공해에 강한 낙엽 활엽수로 식재하여 봄부터 가을까지는 유해가스와 이산화탄소를 흡수하고 겨울에는 낙엽이 져서 도로에 충분한 햇빛을 받을 수 있도록 하는 것이 중요하다.

〈2011. 광진구 가로변 나무, 한국〉

가로변에 많이 심는 주요 수종은 아니지만 북아메리카 원산의 스트로브잣나무(*Pinus strobus*) 도 독특한 이미지를 준다.

상록이기에 늘 푸른 분위기를 나타내기에 좋다.

일정 간격으로 식재하고 상단부를 높이를 맞추어서 자르기만 하면 된다.

좀 더 다양한 가로수종을 개발할 필요가 있다.

〈2011, 종로구 가로수, 한국〉

〈2011, 종로구 가로수, 한국〉

〈2011. 종로구 노변화분. 한국〉

대도시의 중심가에는 노변에 교목을 가로수로 심어서 시원한 그늘을 제공하고자 한다. 그러나 목본으로만 식재되어 있으면 단조롭기 때문에 원색의 화려한 초화류를 하층에 식재하여 보는 이로 하여금 화사하고 활기차게 느끼도록 한다.

봉선화과의 임파첸스(*Impatiens walleriana*), 국화과의 백일홍(*Zinnia elegans*), 메리골드(만수국, *Tagetes erecta*), 꿀풀과의 샐비어(*Salvia splendens*), 콜리우스(*Coleus* spp.) 등이 주로 식재되는 초종이다.

〈2011. 종로구 노변화단. 한국〉

〈2011. 종로구 노변화단. 한국〉

〈2011. 종로구 가로수. 한국〉

〈2011. 종로구 가로변 나무. 한국〉

〈2011. 강남구 가로변 나무. 한국〉

〈2011. 강남구 가로변 나무. 한국〉

〈2011. 강남구 가로변 화단. 한국〉

지자체에서 관리하는 노변 화단에 비하여 백화점 등의 서비스업체에서는 좀 더 적극적으로 화단을 관리하고 있다.

주변의 깨끗하고 화려한 조경은 회사의 이미지를 좋게 하고 사람들로 하여금 방문하여 구매력을 높여 준다.

〈2010. 광진구 노변 생태화단. 한국〉

광진구의 어린이 회관에서 지하철 대공원역까지의 길가에 물이 흐르는 작은 생태화단을 조성하였다.

일반적인 노변 화단에 비하여 좀 더 생태적이고 물이 있어서 주변의 기온을 낮추어 주는 효과도 있고 곤충, 조류 등의 다양한 생명체가 살 수 있는 비오톱(Biotop)의 역할을 한다.

〈2011. 서초구 걸이화분, 한국〉

길가에 있는 가로등을 이용한 행잉(hanging) 꽃은 화려하고 밝은 이미지를 준다.

또한 도로 체증 등으로 짜증이 날 만한 운전자들의 기분을 좋게 해 준다.

물을 주는 일이 가장 문제였으나 최근에는 화분 밑의 물받이를 이용하여 한번에 많이 주거나 비가 오면 밑에 고여 있다가 천천히 급수해 주는 시스템이 개발되어 이용하고 있다.

〈2010, 양재천변 가로수, 한국〉

2차선 도로의 양 옆을 메타세콰이어 나무로 가로수를 해서 울창한 숲길을 가는 듯한 느낌을 주는 곳이다.

도심 내에 가로수는 그늘을 제공하는 등 도시에서는 반드시 있어야 할 것이다.

우리나라에서는 나무종류가 몇 가지 안 되는 단조로움 때문에 사람들이 식상해 할 수가 있어서 다양한 가로수 수종의 개발이 필요하다.

〈2011. 강남구 걸이화분. 한국〉

선진 외국에서는 흔하게 보는 집 앞 행잉 바스켓을 우리나라에서는 좀처럼 보기가 쉽지 않다.

어려서 부터의 정서가 꽃을 심고 가꾸는데 익숙하지 않기에 성인이 되어서도 꽃을 가꾸는 일이 쉽지 않다.

본인이 직접 심고 키우지 않기에 디자인이라는 것을 생각하기 어렵다.

시중에서 판매되고 있는 그대로를 구입하여 단순히 걸어 놓는 수준이다.

〈2010, 길가 화단, 한국〉

길가의 화단을 전문 시공업체에 맡겨서 시공한 사례이다.

길가에 인공섬을 만들고 초화류를 이용하여 화단을 조성한다.

가운데 부분에 관목류의 화목류를 이용하여 눈길이 가는 포인트를 준다.

식재보다도 지속적인 관리가 중요한데 일년에 3-4회는 조성해야만 깔끔한 분위기를 나타낼 수 있다.

우리나라의 대도시에서 가장 많은 가로수 중 하나가 플라타너스(*Platanus ocidentalis*)이며 이는 생장이 좋아 그늘이 훌륭하고 병충해와 공해에도 강하기 때문이다.

하지만 점차로 고급 수종인 소나무(*Pinus densiflpora*)의 도심 내 식재가 늘어가고 있는 실정이다.

〈2011, 플라타너스 가로수, 한국〉

〈2011, 소나무 가로수, 한국〉

공간활용 등의 디자인에 있어서 가장 센스있는 나라 중의 하나인 일본답게 길가의 버스 정거장의 모습도 앉아서 기다릴 수 있도록 하였고 주변을 침엽수, 화목류, 덩굴식물 등으로 적절하게 혼합식재하여 조성하였다.

노인층이 많은 고령화 사회에서 꼭 필요한 길가 화단이 될 수 있다.

〈2011. 동경 길가, 일본〉

〈2010. 동경 길가. 일본〉

노변의 화단을 콘크리트나 돌 등의 구조물을 이용할 경우에는 거리를 아름답게 해줄 뿐 만 아니라 돌발적인 차량사고 시 거리를 걷고 있던 행인들의 안전도 도모할 수가 있다.

일본의 경우도 꿀풀과의 샐비어(*Salvia splendens*)는 봄에 파종하는 일년초로서 붉은 꽃이 오래 가고 색이 화려하여 많이 식재하는데 우리나라에서는 깨꽃이라고도 부른다.

샐비어, 매리골드 및 베고니아 등이 가로 화분에 주로 많이 사용되는 초종이다.

〈2011. 오사카시 길가, 일본〉

〈2011. 가로등 걸이화분. 영국〉

정원의 나라 영국은 사방이 정원이고 꽃이다.

길가의 가로등에도 어김없이 꽃으로 가득하다.

대체로 도시를 밝고 활기차게 만들어 주는 노란색 계열을 이용하고 자연스럽게 가로등에 행잉 바스켓을 설치하여 행잉가든(Hanging garden)을 조성한다.

행잉 바스켓을 우리말로는 걸이화분이라고 한다.

우리나라처럼 장마, 태풍, 혹한이 없기 때문에 좀 더 다양한 거리 화단과 행잉을 조성할 수 있다.

〈2011. 길가 화단. 프랑스〉

예술과 문화의 나라 프랑스의 거리 화단은 흔하게 볼 수 있는 풍경이다.

밝고 화려한 각종 꽃들로 식재하여 오가는 이들의 마음을 즐겁게 한다.

꽃을 식재하는 곳의 벽돌 장식 또한 예술 작품이며 이러한 구조물이 있으므로 연중 꽃을 식재하며 거리를 장식한다.

〈2011, 길가 화단, 독일〉

합리적이고 고지식한 독일의 경우 거리의 화단은 부드럽고 아름답게 조성한다.

거리의 교차로 부분에 둥근 식물섬을 만들어 차량 등이 한 바퀴 돌아서 통과할 때에 속도를 줄여주고 화사한 분위기를 만들어 준다.

주로 시야를 가리는 목본류는 배제하고 초화류 등을 이용하여 낮으면서도 꽃들이 한눈에 들어와서 부담을 줄여 준다.

〈2006, 가로등 걸이화분, 캐나다〉

영연방이라고 할 수 있는 캐나다는 식재 구성이 영국과 유사하다.

초화류를 이용한 행잉 바스켓을 가로등마다 매달아서 거리를 화려하고 화사하게 만들어 오가는 이들을 즐겁게 한다.

일반적으로 가로등의 중간아래에 설치하여 상단부의 가로등불이 해가진 후에 들어 오면 하단의 꽃과 어울리며 더욱 환상적인 분위기를 만들어 준다.

길가의 화단 조성도 예술적으로 식재 구조물을 만들고 시민들이 이를 가까이서 보고 즐길 수 있도록 배려하였다.

〈2011. 밴쿠버 길가 화단, 캐나다〉

〈2011. 밴쿠버 길가 화단, 캐나다〉

〈2011. 밴쿠버 길가 화단, 캐나다〉

〈2011. 밴쿠버 길가 화단, 캐나다〉

〈2008, 길가 화단, 스위스〉

산과 물과 관광의 나라 스위스의 경우 길거리는 온통 꽃이다.

여름철의 초화류는 유럽의 다른 나라와 큰 차이 없이 황금색의 매리골드와 붉은 색의 꽃베고니아 등으로 오래도록 개화 상태를 유지하는 초화류 등이 식재되어 있다.

특히 영국, 프랑스 등 정형화된 정원조성보다 좀 더 자유롭고 자연스러운 화단을 꾸미고 있다.

정부가 조성을 하면 주변의 사람들이 관심을 가지고 돌볼 정도로 꽃을 사랑하고 가꿀 줄 아는 의식을 갖고 있다.

이러한 자발성이 있어야만 언제나 아름답고 깨끗한 상태의 화단을 유지할 수가 있다.

〈2008. 가로수. 스위스〉

최근 세계적인 추세는 가로수의 모양을 정형화되게 전정하는 것이다.

위와 아래 그리고 옆면을 일정하게 가지치기를 하여 통일감을 주고 깔끔한 분위기를 연출하는 것이다.

그러한 가로수 아래에서 사람들은 자연스럽게 휴식을 취하고 있다.

〈2006. 길가 가로수. 싱가포르〉

열대지방인 싱가포르는 겨울이 없기에 연중 푸른 나무벽과 가로수를 흔하게 볼 수 있다. 연중 식물의 색상이 변화가 없고 단조로운 경향이 있어 초화류는 화려한 원색으로 관엽식물도 붉은 색이나 황금색의 식물을 이용하여 정원을 꾸미는 것이 일반적인 기법이다. 가로수로는 화려한 꽃들이 피는 콩과의 식물 등을 많이 식재하고 있다.

여기에는 나비와 벌과 새까지 함께 오는 경향이 있다.

〈2006. 길가 가로수. 싱가포르〉

〈2007. 가로수. 네덜란드〉

꽃의 나라 네덜란드는 꽃을 이용한 조형물이 공항을 포함하여 도시 거리 군데군데 놓여 있어서 꽃의 천국임을 나타내고 있다.

세계 제일의 꽃 생산 및 수출을 하는 나라답게 흔하게 볼 수 있는 반면에 가로수 등의 관리에 있어서는 유럽의 다른 나라처럼 정형화된 모습으로 가지치기를 하여 관리를 하지 않는다.

〈2007. 가로변 꽃장식물. 네덜란드〉

## 5) 아파트

우리나라에 있어서 아파트는 주거공간이면서 가장 중요한 재테크 수단이기도 하다.

식물을 키우고 정원을 꾸미기 위해서는 1층이 유리하나 실제로 거래에 있어서는 가장 가격이 저렴하다.

대체로 시끄럽고 사생활이 노출된다고 하는 단점이 있기 때문이다.

하지만 주인의 안목과 노력에 따라서는 가장 조용하고 은밀한 사적인 공간으로 조성이 가능하다.

그리고 오가는 많은 주민들에게도 편안한 공간이 되기도 한다.

오래된 아파트일수록 나무가 커서 우거지고 청량감을 준다.

〈2011, 강남구 아파트, 한국〉

〈2011. 강남구 아파트, 한국〉

〈2011. 강남구 아파트, 한국〉

〈2011. 강남구 아파트, 한국〉

〈2011. 강남구 아파트, 한국〉

〈2011. 강남구 아파트, 한국〉

〈2011. 강남구 아파트, 한국〉

## 6) 학교

인생에 있어서 10여 년 이상을 다니는 곳이 학교이다.

성인이 되기 전에 집 다음으로 가장 중요한 공간이다.

다양한 식물로 조성되어 잘 꾸며진 정원과 동산을 가진 학교에 다닌 학생들은 상상력과 감수성에 있어서 뛰어난 편이다.

식물 표찰이 부착된 학교의 식물들은 바로 자연학습장이자 생태교육장으로서의 역할을 한다.

상록 침엽수로 식재 시에는 잘 다듬어서 토피어리(Topiary) 형태로 유지하는 것이 깔끔하다. 측백나무과(側柏科, Cupressaceae)에 속하는 주요 조경 수종으로는 상록 교목인 향나무(*Juniperus chinensis*), 측백나무(*Thuja orientalis*), 서양측백나무(*Thuja occidentalis*) 등이 있다.

〈2011. 대학교 캠퍼스의 향나무. 한국〉

<2011. 대학교 캠퍼스의 겹벚꽃나무. 한국>

분위기를 화사하게 해주는 조경수로는 화목류를 꼽을 수가 있다.

대표적인 화목류로는 교목류에 장미과(薔薇科 Rosaceae)의 벚나무(*Prunus serrulata*), 목련과(Magnoliaceae)의 낙엽성인 목련(木蓮, *Magnolia kobus*), 상록성인 태산목(泰山木, *Mognolia grandiflora*), 차나무과(Theaceae)에 속하는 상록성인 동백나무(*Camellia japonica*) 등이 있고 소교목류에 물푸레나무과(Oleaceae) 수수꽃다리속(Syringa)의 식물인 라일락(lilac, *Syringa vulgaris*), 아욱과(Malvaceae)에 속하는 낙엽식물인 무궁화(rose of sharon, *Hibiscus syriacus*), 부처꽃과(Lythraceae)에 속하는 낙엽성인 배롱나무(*Lagerstroemia indica*), 인동과(忍冬科, Caprifoliaceae)의 낙엽성인 병꽃나무(*Weigela subsessilis*), 콩과(豆科, Leguminosae)의 낙엽성인 박태기나무(*Cercis chinensis*), 장미과(薔薇科 Rosaceae)의 낙엽성인 꽃사과나무(*Malus* spp.) 등이 있고 관목류로는 진달래과(Ericaceae)에 속하는 낙엽성인 진달래(Korean rosebay, *Rhododendron mucronulatum*)와 철쭉(Royal Azalea, *Rhododendron schlippenbachii*), 물푸레나무과(Oleaceae)에 속하는 낙엽 관목인 개나리(*Forsythia koreana*), 장미과(薔薇科 Rosaceae)의 낙엽성인 장미(*Rosa* spp.), 조팝나무(*Spiraea prunifolia*), 명자꽃나무(山棠花, *Chaenomeles speciosa*), 해당화(海棠花, *Rosa rugosa*), 범의귀과(Saxifragaceae)의 수국(*Hydrangea macrophylla*)

등이 있고 덩굴류로는 콩과(豆科, Leguminosae)의 낙엽성인 등나무(*Wistaria floribunda*), 능소화과(Bignoniaceae)의 낙엽성인 능소화(*Campsis grandifolia*), 인동과(忍冬科, Caprifoliaceae)의 인동덩굴(*Lonicera japonica*) 등이 있다.

〈2011. 대학교 캠퍼스의 철쭉. 한국〉

〈2011. 대학교 캠퍼스의 철쭉. 한국〉

〈2011. 대학교 캠퍼스의 가로수. 한국〉

〈2011. 대학교 캠퍼스의 가로수. 한국〉

초·중·고의 학창시절에는 꿈도 많고 상상력도 크게 키울 시기이지만 우리나라에서는 입시교육과 학원교육으로 많은 학생들이 자연을 접하고 생태교육을 받기 어려운 실정이다.

따라서 학교의 조경이 매우 중요할 수 있으나 예산 부족을 이유로 투자를 하지 않고 신경을 쓰지 않는 것이 현실이다.

〈2011, 고등학교의 나무, 한국〉

〈2011, 고등학교의 나무, 한국〉

〈2010, 초등학교의 나무, 한국〉

## 7) 공원

공원(公園, Park)의 국어 사전적 의미는 '국가나 지방 공공 단체가 공중의 보건·휴양·놀이 따위를 위하여 마련한 정원, 유원지, 동산 등의 사회 시설' 이라고 하며 위키백과는 '대중에게 개방되어 시민이 산책이나 운동을 할 수 있는 공간' 이라고 하며 브리태니커사전에는 '오락과 휴식을 위해 따로 조성되는 넓은 장소' 라고 정의하고 있다.

공원은 크게 도시공원과 자연공원으로 나눈다.

도시공원은 생활권공원(소공원, 어린이공원, 근린공원 등)과 주제공원(역사공원, 문화공원, 수변공원, 묘지공원, 체육공원 등)으로 나누고 자연공원은 국립공원, 도립공원, 군립공원 등으로 나눈다.

공원시설로는 조경시설, 휴양시설, 유희시설, 운동시설, 교양시설, 편의시설, 공원관리시설, 그 밖의 시설 등이 있다.

〈2011. 강동구 허브공원, 한국〉

### (1) 남산공원

주소 : 서울시 용산구 남산공원길 3

규모(면적) : 총 2,935,762㎥

임야 : 2,454,140㎡(83.8%)

녹지대 : 287,596㎡(9.7%)

광장 : 45,950㎡(1.7%)

기타시설 : 171,178㎡(5.8%)

연락처(전화번호) : 02)3783-5900

홈페이지 : http://parks.seoul.go.kr

관리주체 : 서울시 중부푸른도시사업소

개원 : 1984. 9. 22

〈2010, 남산공원, 한국〉

〈2010, 남산공원, 한국〉

‖주요 시설‖

기반시설 : 광장 45,950㎡, 도로 7,800㎡, 산책로 6.7㎞ (북측: 3.7㎞/ 남측: 3.0㎞)

조경시설 : 연못 1개소(1,078㎡), 파고라, 분수대, 꽃시계, 그늘시렁

운동시설 : 수영장, 정구장, 탁구장, 야구장, 궁도장, 롤러스케이트장, 배드민턴장

교양시설 : 도서관, 야외식물원, 안중근의사기념관, 문화회관

편의시설 : 주차장, 매점, 음수대, 팔각정, 화장실, 밴치, 타워전망대

기타시설 : 순환도로 18.9㎞

‖주요 식물‖

소나무, 단풍, 아카시아, 상수리나무 등 191종 2,881,870주

‖특성‖

남산공원은 도심에 위치하여 서울시민에게 맑은 공기를 제공하는 자연휴식처이며 산책, 꽃구경, 공연관람, 서울타워, 남산케이블카 등 다양한 프로그램을 제공하는 대표적 휴식 여가 생활의 중심지이다.

### (2) 서울숲공원

주소 : 서울특별시 성동구 서울숲 7길(성수동1가 685-306)

규모(면적) : 1,156,498㎡ (약 35만평)

연락처(전화번호) : 02-460-2905

홈페이지 : http://parks.seoul.go.kr/seoulfo..

관리주체 : 서울시설공단

개원 : 2005. 6. 18

〈2011, 서울숲공원, 한국〉

‖ 주요 시설 ‖

5개 테마공원 : 문화예술공원(220,000㎡), 자연생태숲(165,000㎡), 자연체험학습원(85,000㎡), 습지생태원(70,000㎡), 한강수변공원(66,000㎡)

주요 시설 : 야외무대(4,000㎡), 서울숲광장(6,900㎡), 환경놀이터(3,000㎡), 자전거도로, 산책로, 이벤트마당, 곤충식물원 등

‖ 주요 식물 ‖

수목 : 소나무, 섬잣나무, 계수나무 외 95종 415,795주

식물원 : 선인장 등 231종 7,755본

초화 : 개미취, 구절초, 갈대 외 8종 3,250본

〈2008, 서울숲공원, 한국〉

‖ 특성 ‖

당초 골프장, 승마장 등이 있던 뚝섬일대를 주거업무 지역으로 개발할 경우 약 4조원에 달하는 개발이익이 예상되었으나 서울시민들의 웰빙 공간을 영국 하이드파크(Hyde Park), 미국 뉴욕 센트럴파크 (Central Park)에 버금가도록 마련하고자 조성된 공원이다.

'자연과 함께 숨 쉬는 생명의 숲', '시민과 함께 만드는 참여의 숲', '누구나 함께 즐기는 기쁨의 숲'인 서울숲을 조성하였다.

〈2008, 서울숲공원, 한국〉

### (3) 어린이대공원

주소 : 서울시 광진구 능동로 233 (능동)

규모(면적) : 536,088㎡

연락처(전화번호) : 02)450-9311

홈페이지 : webmaster@sisul.or.kr

관리주체 : 서울시설공단

개원 : 1973년 5월 5일

〈2011, 어린이대공원, 한국〉

‖주요 시설‖

교양시설: 41개소(야외음악당 등)

조경시설: 14개소(분수대 등)

유희시설: 45종( 놀이동산 등)

편의시설: 110개소(식당 등)

동물원: 105종 621마리

‖주요 식물‖

식물원: 373종 5,977본

수목: 143종 408,000주

〈2010, 어린이대공원, 한국〉

‖ 특성 ‖

서울시 광진구 능동에 위치한 어린이대공원은 53만여㎡의 넓은 공간 속에 동물원, 식물원, 놀이동산 및 다양한 공연시설과 체험공간이 가득한 가족테마공원이다.

‖ 기타 ‖

다양한 음악과 물줄기로 형형색색의 모양을 만들어 내는 최첨단 음악분수, 다채로운 공연이 사계절 내내 펼쳐지는 숲속의 무대와 열린 무대, 한여름 더위를 씻어 주는 물놀이장에서 휴식과 재미를 동시에 누릴 수 있다.

서울시 교육청에서 지정한 현장체험 학습기관인 어린이대공원에서는 다양한 학습프로그램을 운영하고 있다. 어린이대공원 학습프로그램은 참가자들에게 열린 학습과 소중한 현장체험의 기회를 제공함으로써 정서함양과 에듀테인먼트(Edutainment) 기능이 충실한 프로그램으로 진화를 거듭하고 있다.

〈2010, 어린이대공원, 한국〉

〈2011. 어린이대공원, 한국〉

〈2011. 어린이대공원, 한국〉

### (4) 올림픽공원

주소 : 서울 송파구 방이동 88번지

규모(면적) : 43만평

연락처(전화번호) : 02-410-1114

홈페이지 : http://www.kspo.or.kr/olpark/

관리주체 : 서울올림픽기념 국민체육진흥공단/ 한국체육산업개발㈜

개원 : 1988년 9월

〈2011, 올림픽공원, 한국〉

‖주요 시설‖

서울올림픽기념관, 소미미술관, 몽촌토성역사관, 음악분수, 올림픽컨벤션센터, 제1체육관 (체조경기장), 제2체육관 (펜싱경기장), 제3체육관 (역도경기장), 벨로드롬 (잠실경륜장), 올림픽테니스경기장, 올림픽홀, 파크텔

‖주요 식물‖

생태공원-노랑꽃창포, 부채붓꽃, 물억새 등 수생식물 28,000본 식재, 자연형 호수 600m 조성

‖특성‖

올림픽공원은 백제시대의 유적과 현대적 감각의 최신식 경기장이 공존하는 곳으로 88 올림픽 기념공원이다.

〈2011, 올림픽공원, 한국〉

### (5) 양재시민의숲공원

주소 : 서울 서초구 양재2동 236

규모(면적) : 80,6831㎡

연락처(전화번호) : 02-575-3895

홈페이지 : parks.seoul.go.kr/template/default...

관리주체 : 동부푸른도시사업소 시민의숲 공원관리사무소

개원 : 1983. 07. 06

〈2009. 양재시민의숲공원, 한국〉

‖ 주요 시설 ‖

조경시설 : 잔디광장, 파고라, 그늘시렁

운동시설 : 배구장(족구장 겸용), 테니스장, 맨발공원

교양시설 : 윤봉길의사기념관, 야외무대, 충혼탑, 윤봉길의사동상

편의시설 : 주차장(54대), 매점, 음수대, 공중전화, 화장실, 벤치

‖ 주요 식물 ‖

수목 : 소나무, 느티나무, 당단풍, 칠엽수, 잣나무 등 43종 94,800주

‖ 특성 ‖

서초구 양재동에 위치한 공원으로 숲이 좋아 연인들의 만남의 장소로 이용된다. 현재 도심에서는 매우 보기 드문 울창한 수림대를 형성하고 있고 특히 가을에는 감, 모과 등 과일이 열려 풍성한 자연을 만끽할 수 있다.

〈2009, 양재시민의숲공원, 한국〉

〈2009, 양재시민의숲공원, 한국〉

### (6) 북서울꿈의숲공원

주소 : 강북구 번동 산 28번지

규모(면적) : 총 1,338,260㎡ 조성면적 : 662,627㎡

연락처(전화번호) : 02) 2289-4001~5

홈페이지 : http://dreamforest.seoul.go.kr

관리주체 : 북서울꿈의숲 관리사무소

개원 : 2009년 10월 17일

‖ 주요 시설 ‖

월영지(호수), 청운답원(잔디광장), 월광폭포, 애월정(정자), 산책로, 칠폭지, 야생초화원, 꿈의 숲 미술관, 꿈의 숲 아트센터, 레스토랑, 카페, 지하주차장 등으로 구성되었다.

또한, 아파트와 도로로 둘러싸인 공원 경계부에는 어느 곳에서나 공원접근이 가능하도록 포켓파크, 쌈지마당, 가로공원, 산책로, 체력단련장 등 다양한 형태의 공간으로 조성되어 주민들이 생활공원으로 최대한 이용할 수 있도록 공간을 구성하였다.

〈2010. 북서울꿈의숲공원, 한국〉

〈2010. 북서울 꿈의 숲 공원. 한국〉

‖주요 식물‖

칠복지 : 경사잔디마당

식재수종 : 수양벚나무, 갈대, 물억새 등

이야기정원/월영지

식재수종 : 왕벚나무, 매화나무, 물억새, 버드나무, 산단풍, 대나무 등

청운답원/창포원

식재수종 : 왕벚나무, 버드나무, 느티나무, 물억새 등

초화원

식재수종 : 자생초화류, 허브류, 방향수종

‖특성‖

강북 지역에 최초로 조성된 대형 녹지공원으로 기존 노후된 시설물을 모두 비우고, 지형에 맞는 생태적 조경공간으로 탈바꿈하였다.

전통 건축물인 창녕위궁재사 건물은 원형으로 복원되었으며, 주변에는 푸른 호수와 함께 정자와 폭포 등이 조성되어 전통경관도 연출하였다.

그동안 드림랜드 눈썰매장으로 쓰였던 경사지에는 공연장과 전시장, 레스토랑, 전망타워 등이 들어서서 강북지역 최첨단 문화공간으로 거듭나게 되었다.

〈2010. 북서울꿈의숲공원. 한국〉

### (7) 여의도공원

주소 : 서울 영등포구 여의도동 2번지

규모(면적) : 총면적 : 229.539㎡(약 69,435평)

생태의 숲 : 36,523㎡(11,068평)

문화의 마당 : 52,993㎡(16,058평)

잔디마당 : 77,515㎡(23,489평)

한국전통의 숲 : 62,508㎡(18,942평)

연락처(전화번호) : 02-761-4078

홈페이지 : http://hangang.seoul.go.kr/park_yoido

관리주체 : 서울시 여의도공원 관리사업소

개원 : 1999. 1. 24

〈2011, 여의도공원, 한국〉

‖ 주요 시설 ‖

한국전통의 숲, 잔디마당, 문화의 마당, 자연생태의 숲, 자전거 도로, 산책로 등

‖ 주요 식물 ‖

소나무, 느티나무, 은행나무, 마가목, 자작나무, 무궁화, 라일락, 계수나무, 모과나무 등 교목 13,800본, 관목 205,000본, 초화류 32종 342,800본, 잔디 77,515m²

‖ 특성 ‖

아스팔트 위에 펼쳐진 넓은 마당, 도심 속의 숲은 삶의 쉼표이다.

〈2011. 여의도공원, 한국〉

〈2011. 여의도공원, 한국〉

### (8) 선유도한강공원

주소 : 서울시 영등포구 선유로 343 (당산동 1)

규모(면적) : 110,407㎡

연락처(전화번호) : 02)3780-0590

홈페이지 : http://hangang.seoul.go.kr/park_soenyoo

관리주체 : 서울시 선유도공원 관리사업소

개원 : 2002년 4월 26일

〈2011, 선유도공원, 한국〉

‖ 주요 시설 ‖

디자인서울갤러리 : 전시실, 한강역사, 사계, 한강의 옛모습 등(운영시간 09:00~18:00)

소프트서울전시실 : 디자인서울갤러리, 한강(남산)르네상스 등 (운영시간 09:00~18:00)

원형소극장 : 연석배치, 준비실, 조명거치대 / 좌석220석(운영시간 06:00~24:00)

안개분수 : 선유도 남측 옹벽에 설치, 동절기 운영중지

운영시간 20:00, 21:00, 22:00, 23:00 각 10분 간 7.2km

기타시설 : 선유교, 선유정, 방문자안내소, 환경물놀이터, 테마정원

수상콜택시 승강장

〈2011. 선유도공원, 한국〉

‖주요 식물‖

기존의 정수장을 활용하여 만든 수생식물원에서 수생식물이 물을 정화시키는 과정을 볼 수 있고, 백련과 갯버들, 금불초 등 다양한 종류의 수생식물을 관찰할 수 있다. 또한 시간의 정원에서는 이끼원, 고사리원, 푸른숲의 정원, 초록색의 정원 등 다양한 테마정원을 만날 수 있다.

‖특성‖

선유도공원은 과거 정수장 건축구조물을 재활용하여 국내 최초로 조성된 환경재생 생태공원이자 '물(水)공원' 이다. 선유도 일대 11만 4천㎡의 부지에 기존 건물과 어우러진 수질정화원, 수생식물원, 환경물놀이터 등 다양한 수생식물과 생태숲을 감상할 수 있고, 서울디자인갤러리와 시간의 정원 등 다양한 볼거리와 휴식공간을 통해 생태교육과 자연체험의 장을 제공하고 있다.

〈2011, 선유도공원, 한국〉

### (9) 보라매공원

주소 : 서울특별시 동작구 여의대방로 98 (신대방동 385-13)

규모(면적) : 424.106㎡

연락처(전화번호) : 02)2181-1181~7

홈페이지: http://parks.seoul.go.kr/boramae

관리주체 : 동부푸른도시사업소 보라매공원 관리사무소

개원 : 1986. 5. 5

〈2011, 보라매공원, 한국〉

‖주요 시설‖

잔디광장, 에어파크, 연못(음악분수), 다목적운동장, 인조잔디축구장, 배드민턴장, X-game장, 암벽등반대 등

조경시설 : 잔디마당, 수경시설(연못, 벽천 등), 철쭉동산, 무궁화동산 등

운동시설 : 조깅트랙, 인조잔디축구장, 테니스장, 다목적운동장, 농구장, 베드민턴장, X-game장, 인공암벽등반장, 게이트볼장, 지압보도, 헬스시설(평행봉 등 28종)

편익시설 : 주차장, 매점, 음수대, 팔각정, 화장실, 벤치

유희시설 : 어린이놀이터 , 피크닉장, 바닥분수, 에어파크

교양시설 : 청소년수련관, 시민안전체험관, 동작구민회관

보안시설 : 시설물관리 감시용 CCTV 14대 24시간 녹화 중

기타시설 : 관악 노인종합복지관, 서울시 지적장애인복지관, 서울시 남부장애인복지관, 동작경찰서 지구대파견소 등

〈2011, 보라매공원, 한국〉

‖ 주요 식물 ‖

수목 : 은행나무, 느티나무, 양버즘나무, 모감주나무, 소나무, 병꽃나무 등 105종 334,671주 (교목 76종 78,924본, 관목 29종 255,747본)

‖ 특성 ‖

보라매공원은 서울특별시 동작구 신대방동 395번지 대방로 219 일대인 옛날 공군사관학교 자리를 1985년 12월 20일에 보수하여 1986년 5월 5일 개원하면서, 공군사관학교 때의 상징인 '보라매'를 그대로 이름에 사용하여 오늘에 이르고 있다.

〈2011, 보라매공원, 한국〉

### (10) 용산공원

주소 : 서울 용산구 용산동 6가 68-90

규모(면적) : 297,000㎡ (약90,000평)

연락처(전화번호) : 02-792-5661

홈페이지 : http://parks.seoul.go.kr

관리주체 : 공원녹지관리사업소 관리

개원 : 1992. 11. 05

〈2011, 용산공원, 한국〉

‖ 주요 시설 ‖

주차장 : 1,500㎡(455평) 산책로 : 4,163㎡(1,262평) 기타시설 : 1,323㎡(400평)

태극기공원 운동시설 : 철봉, 평행봉, 역기, 윗몸일으키기, 등배치기 등 13점

편익시설 : 주차장(50대), 음수대, 공중전화, 화장실, 벤치, 자동판매기

교양시설 : 국제조각품 9점 기타시설 : 야외예식장, 빗물펌프장, 공원가로등(59본 118등)

‖ 주요 식물 ‖

조경시설 : 잔디광장, 연못 4개소(6740㎡), 정자 3개소, 원두막 2개소, 자연학습장, 맨발공원

〈2011. 용산공원, 한국〉

‖ 특성 ‖

아름다운 호수가 있어 가족의 나들이, 유치원생의 소풍, 연인들의 만남의 장소로 이용된다.

‖ 기타 ‖

용산공원은 넓은 잔디밭과 연못 등 서구풍의 공원 모습을 느낄 수 있는 곳인데, 임진왜란(1592~1598 년)때 왜군이 병참기지(兵站基地)로 사용하였고 임오군란(1882년)때는 청나라 군사가 점유하였으며 갑신정변(1884년)과 러일전쟁(1904년) 그리고 1906년부터 1945년 해방 전 까지 일본인들이 군 시설 및 거주지 등으로 사용하였다. 6·25 때 UN군 및 주한미군사령부가 설치되었던 것을 1992년에 서울시에서 인수하여 공원으로 조성한 것이다.

〈2011, 용산공원, 한국〉

용산공원은 남산과 한강 사이에 위치해 서울시의 남북 녹지축의 연결고리 역할을 하며, 기능으로 보아 서울시 녹지체계의 구심점이 되며, 그 역할은 도시 중앙공원의 성격을 가지게 된다. 전체 공원부지 중 골프장이 들어서 있던 곳에 언덕, 잔디 광장, 연못을 위주로 한 개방적이고 단란한 분위기의 공원이 조성되어, 서울시민들의 자유롭고 평화로운 휴식처로 각광을 받고 있다.

능수버들이 멋들어지게 조성되어 자연경관이 뛰어나며 원두막과 함께 채소를 부분적으로 심어 자연학습을 할 수 있도록 하였다. 그리고 산책로와 조깅코스 등이 자연과 잘 어우러진 명소이다. 주요 시설로는 잔디광장, 연못, 산책로, 조깅코스와 각종 휴식 편의시설이 구비되어 있다. 입장료는 무료이다. 지하철 4호선 이촌역에서 하차, 도보로 10분, 국철 서빙고역에서 하차, 도보로 10분이면 도착할 수 있다.

〈2011, 용산공원, 한국〉

### (11) 월드컵공원

주소 : 서울 마포구 상암동 390-1

규모(면적) : 3,471,090㎡

연락처(전화번호) : 02-300-5500

홈페이지 : worldcuppark.seoul.go.kr

관리주체 : 현재 4개의 테마공원은 서부푸른도시사업소에서 관리, 난지한강공원은 한강사업본부에서 관리

개원 : 2002. 5.1

〈2011, 월드컵공원, 한국〉

‖ 주요 시설 ‖

월드컵공원 전시관, 다목적 영상실, 탐방객 안내소, 안내센타, 난지연못(24,500㎡), 난지천(2.5㎞), 분수(3개소), 광장(6개소), 놀이터(3개소), 운동시설(5개소) 등과 주차장(1,741면), 휴게소(2개소), 매점(2개소), 화장실(18개소) 등의 편의시설

‖ 주요 식물 ‖

공원화에 따라 92종 733천 그루(교목 53종 18천 그루, 관목 39종 715천 그루)의 나무

‖ 특성 ‖

2002 월드컵과 새 천년을 기념하기 위해 서울 서쪽에 위치한 난지도 쓰레기 매립장을 안정화하면서 3,471,090㎡의 면적으로 조성된 대규모 환경 생태공원이다.

1978년부터 1993년까지 15년간 서울시민이 버린 쓰레기로 만들어진 2개의 거대한 산과 넓은 면적의 평 매립지, 주변 샛강 그리고 한강둔치 위에 자연과 인공이 어우러진 공간이 만들어졌다.

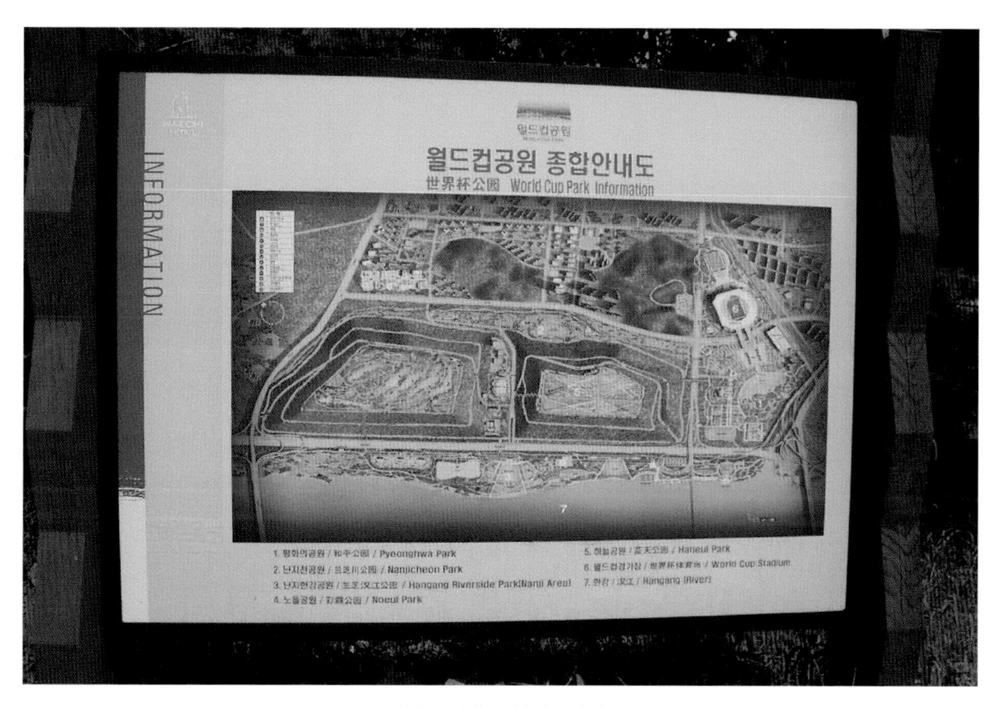


〈2011, 월드컵공원, 한국〉

〈2011. 월드컵공원. 한국〉

초기에는 상암지구 새서울타운 조성계획과 한강 새 모습 가꾸기 사업을 연계한 밀레니엄공원으로 계획되었으나, 우리나라의 산업화, 도시화의 부작용인 환경오염과 자연 파괴의 상징인 난지도 쓰레기 매립장을 생태적으로 건강하게 복원하는 것이 향후 서울의 도시 관리 정책에 중요한 의미가 있다고 판단하여 월드컵공원으로 명칭을 바꾸게 되었다.

공원 조성계획도 상호공존 및 공생을 주개념으로 당시 환경의 화두였던 '지속가능한 개발'을 반영하여 자연과 인간문화의 공존, 환경보전과 이용의 공생적 관계 구축 그리고 자연환경과 인공구조물의 조화를 추구하였다.

월드컵공원은 대표 공원인 평화의 공원을 비롯하여 하늘공원, 노을공원, 난지천공원, 난지한강공원의 5개 테마공원으로 조성되었다.

월드컵공원은 서울시민과 우리나라 국민들은 물론 외국인들도 즐겨 찾는 세계적인 환경 생태 에너지 테마공원으로 발돋움하기 위해 꾸준히 노력하고 있다.

〈2011. 월드컵공원, 한국〉

〈2011. 월드컵공원, 한국〉

〈2011. 월드컵공원, 한국〉

### (12) 아차산생태공원

주소 : 서울시 광진구 광장동 370번지 일대

규모(면적) : 23,450m²

연락처(전화번호) : 02-450-1395

홈페이지 : http://www.gwangjin.go.kr/achasan/

관리주체 : 광진구청 공원녹지과

개원 : 2002년 3월 29일

〈2011, 아차산생태공원, 한국〉

‖ 주요 시설 ‖

생태공원(자생식물원, 나비정원, 습지원 등), 만남의 광장(420평), 황톳길 및 지압보도(550m), 소나무숲, 약수터, 생태공원 사무실 및 생태자료실(21평), 생태관찰로 및 자생관찰로, 파고라, 관상용 논 및 재배용 밭 등

‖ 주요 식물 ‖

소나무, 단풍나무, 느티나무 등 교목 19종 330여 주, 조팝나무, 철쭉 등 관목 20종 3,690주, 초화류 70종 44,000여 본 식재

〈2011, 아차산생태공원, 한국〉

‖ 특성 ‖

서울특별시에서 공원녹지확충 5개년 계획에 따라 조성된 아차산생태공원은 시민과 학생들에게 자연을 접할 수 있는 기회와 자연생태계 학습장 및 체험공간을 제공하고 있다. 또한 도시 생태계의 생물다양성을 증진시키고 시민들에게 건강하고 건전한 녹지공간의 쉼터를 제공함으로서 도시환경의 질적 향상에 기여하고 있다.

〈2011, 아차산생태공원, 한국〉

## (13) 길동생태공원

주소 : 서울특별시 강동구 천호대로 1291 (길동 18-3)

규모(면적) : 80,683㎡

연락처(전화번호) : 02)472-2770

홈페이지 : http://parks.seoul.go.kr/gildong

관리주체 : 동부푸른도시사업소 길동생태공원 관리사무소

〈2011. 길동생태공원, 한국〉

〈2011. 길동생태공원, 한국〉

개원 : 1999. 4. 28

‖주요 시설‖

탐방객 안내센터 1개소

화장실 1개소

관찰데크(습지지구) 414m

관찰데크(산림지구) 430m

저수지 3,490㎡

조류관찰대 3개소

원두막 1개소

초가집 2개소

움집 3개소

석담 및 석축 60m

야외관찰대

야외강의장, 파고라(광장지구) 등

길동 생태문화센터(2005년 4월 22일 개관)

1전시실 : 서울의 생태(새박제 12점, 생태해설전시대, 습지 및 한강어류 수족관 4개소, 서울시 인공위성지도 등)

2전시실 : 길동생태공원의 생태(대형 거미 및 벌집모형, 멧돼지 박제, 공원영상, 새소리 듣기 전시대, 곤충 및 버섯표본 등)

‖ 주요 식물 ‖

수목 : 소나무, 섬잣나무, 계수나무 외 36종 16,462주

초화 : 개미취, 구절초, 갈대 외 8종 3,250본

〈2011. 길동생태공원, 한국〉

‖ 특성 ‖

길동생태공원은 생물의 서식처를 제공하고 종다양성을 증진시키며 자연생태계의 생물들을 관찰, 체험할 수 있도록 하여 시민들에게 건강한 생태공간을 제공하고 환경의 중요성을 일깨워 주기 위한 공간이다.

〈2011. 길동생태공원, 한국〉

### (14) 일자산허브천문공원

주소 : 서울 강동구 둔촌동 산 140번지 일대

규모(면적) : 총 1,086,696㎡

연락처(전화번호) : 02-480-1395~7

홈페이지 : www.gangdong.go.kr

관리주체 : 강동구청 공원녹지과

개원 : 2008. 3. 22

〈2011, 일자산허브공원, 한국〉

‖주요 시설‖

실내외 배드민턴장, 실내체육관, X-game장, 광장, 주차장, 초화류원, 생태연못 등

‖주요 식물 ‖

키 큰 나무 1,408본, 작은 나무 26,406본, 초화류 35,290종, 잔디 17,300㎡

〈2011. 일자산허브공원, 한국〉

‖ 특성 ‖

일자산은 위에서 보면 일자모양으로 생겼다해서 일자산(一字山)이라 이름 붙여졌다. 2004년 12월 공원명칭을 '길동도시자연공원' 에서 '일자산자연공원'으로 변경하였으며, 일자산 자연공원 중 현재 공사가 진행 중인 방아다리지구에는 잔디광장, 실내 배드민턴장, 체육관, 농구장, X-게임장, 초지원, 생태연못, 계류 등 다양한 시설물이 조성될 예정이다.

일자산은 강동의 푸르른 녹지를 걸을 수 있도록 조성된 강동 그린웨이 노선 중 시점부에 해당하는 곳으로 걷기 좋은 환경이 갖추어져 있으며, 운동과 산책이 가능하여 많은 주민들이 이용하는 공원이며 특히 1,500여 평에 달하는 잔디광장에서는 휴식과 공연을 감상할 수 있는 장소로 새롭게 탄생하게 될 것이다.

〈2011. 일자산허브공원. 한국〉

## (15) 서울대공원

주소 : 경기도 과천시 광명길 42 (막계동 159-1)

규모(면적)

부지면적 : 9,162,690㎡,

도시자연공원 : 2,493천㎡,

근린공원 : 6,670천㎡

연락처(전화번호) : 02-500-7338

홈페이지 : http://grandpark.seoul.go.kr/

관리주체 : 서울시대공원 관리사무소

개원 : 1984년 5월 1일

〈2008. 서울대공원. 한국〉

‖ 주요 시설 ‖

동·식물원 2,420천㎡, 호수 273천㎡, 자연캠프장 132천㎡, 종합관리시설 26천㎡, 현대미술관 73천㎡, 자연녹지(기타) 2,327천㎡

‖ 민자 시설 ‖

서울랜드 17천㎡, 주차장 302천㎡

〈2008. 서울대공원. 한국〉

‖ 주요 식물 ‖

온실식물원

총면적 2,825㎡(856평)

식물 보유현황 총 1,263여종 31,533본

관엽식물류 : 418종 7,783본

선인장, 다육식물류 : 417종 6,004본

난(동, 서양란), 양치식물류 : 428종 17,746본

약용식물원

총면적 29,500㎡(8,924평), 초본류 103종 32,240본, 교목류 143종 4,760본이 식재

장미원

면적 41,925㎡(12,700평), 장미 보유 수량 203종 23,800주

테마가든

규모 야외 전시장 1,200㎡

봄, 여름, 가을 계절에 맞는 식물 전시회 및 이벤트 운영

‖ 특징 ‖

서울에서 남쪽으로 향하는 첫 고개인 남태령만 넘어서면 인간과 자연이 함께 어우러진 휴식공간이다.

‖ 기타 ‖

경기도 과천시 막계동에 서울대공원을 세워 동물들을 이전하게 되면서 서울대공원의 역사는 시작되었으며 오늘날 세계 10대 동물원의 규모를 자랑하는 세계 속의 공원으로 자리하게 되었다.

### (16) 과천중앙공원

주소 : 경기 과천시 별양동 2-1

규모(면적) : 면적 58,530 ㎡

연락처(전화번호) : 02-500-1428

홈페이지 : http://www.gccs.or.kr

관리주체 : 과천시 공원녹지과

개원 : 1994. 9. 30

〈2011, 과천중앙공원, 한국〉

‖주요 시설‖

도서관 및 산책로, 야외 음악당, 조각분수, 안개분수

‖주요 식물‖

소나무, 느티나무, 철쭉 등

‖특성‖

과천의 중심에 자리 잡고 있는 휴식공간이다.

〈2011, 과천중앙공원, 한국〉

### (17) 분당중앙공원

주소 : 경기 성남시 분당구 수내3동 65-66

규모(면적) : 42만 982㎡

연락처(전화번호) : 031-729-4907, 031-711-8278

홈페이지 : www.e-park.or.kr/park/park01

관리주체 : 성남시 푸른도시사업소 공원과

개원 : 1994년 7월 31일

〈2011, 성남시 중앙공원, 한국〉

‖주요 시설‖

연못, 분수, 잔디광장, 물레방아, 배드민턴장, 게이트볼장, 기체조장, 종합 체육시설, 야외공연장, 야외무대, 수내동 가옥(지방문화재), 지석묘, 동물원, 정자, 주차장, 화장실, 시계 탑사 등이 있다.

〈2011. 성남시 중앙공원, 한국〉

‖ 주요 식물 ‖

소나무, 느티나무, 단풍나무, 목련, 철쭉, 회양목 등

‖ 특성 ‖

분당구 중심에 기존지형과 수림대를 최대로 보존한 자연형 근린공원으로 능선을 따라 등산로를 개설하고 분당 천변에 산책로를 조성한 산책위주 공원이다. 각종 문화행사를 할 수 있는 야외공연장시설과 대규모 잔디광장 조성되어 있고 전통양식의 건축물과 연못 및 분당 천에 전통교량을 배치 한국적 전통미를 계승하고자 하였으며 지석묘와 수내가옥 등 지방문화재를 원형 보존하고 있다.

주차면 : 134면(휴일 : 674면 - 갓길 주차허용)

〈2011, 성남시 중앙공원, 한국〉

## (18) 일산호수공원

주소 : 경기 고양시 일산동구 장항동 906

규모(면적) : 전체면적 1,034,000㎡ (313,000평)

호수면적 300,000㎡ (91,000평), 담수용량: 453,000m³

연락처(전화번호) : 031-961-2661

홈페이지 : http://www.lake-park.com/

관리주체 : 일산호수공원 관리사무소

〈2009, 고양시 호수공원, 한국〉

개원 : 조성기간 3개년 (1993년 1월 ~ 1995년 12월)

‖주요 시설‖

휴양시설 : 인공도로, 친수광장, 전망동산, 인공폭포

조경시설 : 전통정원(1,500평), 중국정자, 장미원(1만본), 인공폭포, 분수(4), 수목54종 228천본, 초화원, 약초섬, 선착장

운동시설 : 농구장(2), 배구장(1), 게이트볼장(1)

교양시설 : 자연학습장(122종), 장미원(52종 5,000본), 조각공원(30점), 단정학사육장(1마리), 전통정원(1,500평), 화장실전시관

〈2009. 고양시 호수공원, 한국〉

편의시설 : 전화 6개소, 주차장(소형 1,015, 대형 35), 자전거 보관소(6), 어린이 놀이터(3), Shelter(9), 화장실(19), 벤치(938), 그늘시렁(26), 원두막(3), 음수전(16), 팔각정(1), 전망대(1), 피크닉탁자(3), 목교(75m)

공공 관리시설 : 관리사(3), 초소(3), 공원등(340), 기계실, 수처리시설(2동), 방송(2식)

공공 기능시설 : 주제광장(7,400평), 한울광장(11,300평), 공연장, 폭포광장, 산책로(8.3km), 자전거도로(4.7 ㎞)

〈2009. 고양시 호수공원, 한국〉

‖ 주요 식물 ‖

호수공원에 사는 생물

21,500㎡ 규모의 자연학습원에는 108종의 수중식물, 습생식물, 수변식물 등과 120여 종의 야생초가 살고 있다. 호수공원의 호수에는 인공호수와 자연호수로 구분이 된다. 이렇게 구분하는 것은 호수 구조와 물의 관리 방법이 다르기 때문이다. 자연호수는 자연생태계 재현을 위한 공간으로서 시골의 저수지와 같은 환경을 조성하여 수생 동·식물들의 성장과정과 프랑크톤, 균류 등에 의한 부상물과 침전물의 형성과정을 학습할 수 있도록 조성되었다.

〈2009, 고양시 호수공원, 한국〉

호수공원의 호수에는 어류, 수서곤충류, 수생식물들의 생태환경이 재현 및 정착되어 가고 있다. 호수에서 장구벌레를 잡아 먹고 사는 곤충으로 장구애비, 물자라, 잠자리유충(수채) 등이 있으며 육식성 어린 물고기와 송사리, 미꾸라지, 올챙이 등도 중요한 먹이사슬 역할을 한다.

호수에는 프랑크톤을 먹고 사는 어류와 수서곤충이나 작은 물고기를 먹고 사는 물고기 등 물고기 31종이 살고 있다. 물고기들의 산란과 서식처도 각기 달라서 바위나 모래에 산란하는 어류, 조개의 몸속에 산란하는 어류, 수초에 산란하는 어류 등 다양한 종류들이 있다. 2급수에 사는 새뱅이(민물새우)와 작은 수서곤충, 물밑 청소부로 불리우는 징거미새우도 서식하며 맑은 수질에 서식이 가능한 다양한 어종도 나타나고 있다.

호수공원의 수질은 2-3급수로 유지되고 있다.

〈2009, 고양시 호수공원, 한국〉

‖ 특성 ‖

국내 최대의 인공호수가 있는 일산의 대표 공원이다.

‖ 기타 ‖

일산신도시 택지개발사업과 연계하여 조성한 근린공원으로서 국내 최대의 인공호수를 만들어 도시인이 접할 수 없었던 자연생태계를 재연하고 다양한 주변경관 및 호수를 이용한 레크레이션 공간을 제공하고 있으며 특히 호수를 중심으로 한 4.7km의 자전거도로와 5.8km의 산책로는 시민들을 위한 산책과 운동장소로 각광받고 있으며 매년 고양 꽃전시회와 3년 주기로 고양세계 꽃박람회가 개최되는 장소로 수도권은 물론 세계적인 명소로 자리잡아 가고 있는 공원이다.

이용객 : 평일 7,000명(추정), 공・일요일 30,000명
월평균 210,000명, 년 이용객 2,520,000명

〈2009, 고양시 호수공원, 한국〉

### (19) 일본 오사카시 도시공원

선진국일수록 녹지의 비율이 높다. 도심 내의 공원 면적과 수는 선진국을 나타내는 지표이기도 하다. 일본의 오사카 시민들은 언제 어디서나 식물을 가까이 할 수가 있고 맑은 공기를 마신다. 도시 한복판의 공원은 커다란 느티나무로 조성되어 있고 나무 밑에는 관목류의 식물이 식재되어 있으며 나무 벤치가 있어서 책을 보거나 점심시간에 도시락을 먹기도 한다.

〈2011. 오사카 시내의 도시공원, 일본〉

〈2011. 오사카 시내의 도시공원, 일본〉

우리나라의 어린이 놀이터는 그늘 한 점 없는 공간에 주로 있으나 일본 오사카 시내의 어린이 놀이터는 커다란 나무그늘 아래에 있어서 숲속에 있는 느낌이 들 뿐 만 아니라 실제로 나무 때문에 시원하고 바닥도 안전하다.

놀이 기구자체도 점점 나무로 만든 것들이 어린이 놀이터에 많이 조성되고 있어 더욱 생태적이고 자연친화적으로 느껴진다.

### (20) 캐나다 밴쿠버시 퀸엘리자베스 공원

캐나다 서부의 도시 밴쿠버는 공원으로 유명하다.

퀸엘리자베스 공원(Queen Elizabeth Park)은 시내에 위치하며 면적은 527,800 $m^2$이고 1940년 7월에 개원했으며 밴쿠버 시내에서는 가장 해발이 높은 152m 이고 식재 식물은 약 3,000여 종으로 절반은 수목이며 연간 약 600만명이 방문한다.

좋은 기후와 오랜 역사로 공원에는 수목이 울창하고 공원내에 있는 온실 식물원을 포함하면 연중 꽃과 나무를 즐길 수 있는 곳이다.

〈2006, 밴쿠버시 퀸엘리자베스 공원, 캐나다〉

〈2006, 밴쿠버시 퀸엘리자베스 공원, 캐나다〉

공원의 입장료는 없으나 온실에 들어갈 때에는 별도의 입장료를 내야만 한다.

캐나다 시민들은 이 공원이 빅토리아에 있는 부차드공원에 손색이 없을 정도라고 하며 자부심을 가지고 있다.

기후와 생태에 적합한 식물로 오랫동안 잘 가꾸어 온 공원으로 공원 관리의 지침이 되는 모범 사례이다.

# 참고문헌

강병희 외 3인. 2003. 신 · 녹지공간디자인. 기문당
강호철. 2006. 세계의 도시환경과 문화·조경. 시공문화사
손기철 외 6인. 2002. 원예치료. 중앙생활사
송채은 외 4인. 2011. 힐링가든식물. (재)광주디자인센터
오대민 외 1인. 2006. 도시농업. 학지사
윤성은. 2011. 도시공간에서 녹색을 읽다. 이담
이상석. 2006. 정원만들기. 일조각
임춘화. 2010. 정원디자인. 나무도시
정광영. 2006. Landscape-Park. 건축세계
조경생태디자인연구소. 2006. 입체녹화에 의한 환경공생. 보문당

송채은

한국천연물공학연구소 선임연구원
전남대학교 대학원 원예학과 졸업(농학박사)
일본 Shinshu대학 Post-Doc.
전남대학교, 광주교육대학교, 순천대학교, 원광대학교, 청강문화산업대학, 천안연암대학 강사
환경 기능성 힐링가든 사업 화훼원예학, 농학분야 자문위원
한국화훼장식학회 상임이사
한국원예치료복지협회 이사
한국화훼산업육성협회 이사
세계인명사전(미국 Marquis Who's Who) 등재 (2011)
채향 Floral art institute 중앙회 회장
독일 국가공인 Florist, 화훼장식기사, 원예치료사1급, 사회복지사

『힐링가든식물』
『화훼장식기사』
『플로리스트를 위한 화훼장식학』
『Modern Living with Flowers』
『한국 평생교육의 발전방향』
『플라워디자인기능사』외 다수
국내외 연구논문 발표 약 70여 편

도시공간
녹화디자인

초판인쇄 | 2011년 10월 28일
초판발행 | 2011년 10월 28일

지 은 이 | 송채은
펴 낸 이 | 채종준
펴 낸 곳 | 한국학술정보(주)
주 소 | 경기도 파주시 문발동 파주출판문화정보산업단지 513-5
전 화 | 031) 908-3181(대표)
팩 스 | 031) 908-3189
홈페이지 | http://ebook.kstudy.com
E-mail | 출판사업부 publish@kstudy.com
등 록 | 제일산-115호(2000. 6. 19)

ISBN 978-89-268-2755-0 93520 (Paper Book)
978-89-268-2756-7 98520 (e-Book)

GREEN SEED는 새롭게 녹색의 씨앗을 심어 자연과 공존하는 녹색성장 시대를 이루기 위한 의지를 담고 있습니다.


책에 대한 더 나은 생각, 끊임없는 고민, 독자를 생각하는 마음으로 보다 좋은 책을 만들어갑니다.